共筑清水梦

共筑清水梦

广 州 市 河 长 制 办 公 室
广州市海绵城市建设领导小组办公室　编著

广 州 趣 至 文 化 创 意 有 限 公 司　绘图

中国水利水电出版社
www.waterpub.com.cn

·北京·

内容提要

本书以广州市在河长制实践中积累的好经验好做法为载体，以生动活泼的漫画形式展示推进河长制工作的实践创新成果。全书包括信息化篇、日常工作篇、强效监管篇、经验创新篇、全民治水篇五部分内容，面向各级河长办、各级河长、市民群众深入宣传普及河长制工作，提升河长履职水平，增强公众对河湖保护的责任意识和参与意识，形成河湖保护人人有责、人人参与、人人共享的良好社会风尚。

本书可为相关单位推进河长制工作提供借鉴，为各级河长日常履职提供参考，也可供公众阅读。

图书在版编目（CIP）数据

共筑清水梦 / 广州市河长制办公室，广州市海绵城市建设领导小组办公室编著；广州趣至文化创意有限公司绘. -- 北京：中国水利水电出版社，2020.1（2021.11 重印）
　　ISBN 978-7-5170-3452-0

　　Ⅰ．①共… Ⅱ．①广… ②广… ③广… Ⅲ．①河道整治—责任制—广州—普及读物 Ⅳ．①TV882.865.1-49

中国版本图书馆CIP数据核字(2019)第297612号

书　　名	共筑清水梦 GONGZHU QINGSHUI MENG
作　　者	广州市河长制办公室　广州市海绵城市建设领导小组办公室　编著 广州趣至文化创意有限公司　绘图
出版发行	中国水利水电出版社 (北京市海淀区玉渊潭南路1号D座　100038) 网址: www.waterpub.com.cn E-mail: sales@waterpub.com.cn 电话: (010) 68367658 (营销中心)
经　　售	北京科水图书销售中心 (零售) 电话: (010) 88383994、63202643、68545874 全国各地新华书店和相关出版物销售网点
排　　版	广州趣至文化创意有限公司
印　　刷	北京印匠彩色印刷有限公司
规　　格	170mm×230mm　16开本　9印张　89千字
版　　次	2020年1月第1版　2021年11月第3次印刷
印　　数	7001—9000册
定　　价	38.00元

《共筑清水梦》编写组

主　编
龚海杰

副主编
周新民

编写人员
李景波　陈　熹　黄宇扬　麦　桦
赖碧娴　刘钰澐　曾颖委　杨　娟　徐剑桥

插画设计与排版
龚　婷　周颖君　游雅文　蔡小冰　冯爵浩　曹　逸

共建共治共享
绘就美丽广州的隽秀画卷

朝闻长风拂流溟，夕睹珠水漾碧波。

近年来，党中央、国务院高度重视河湖管理与保护工作，印发了《关于全面推行河长制的意见》《关于在湖泊实施湖长制的指导意见》等一系列文件，全面深入推行河长制。全国各省、市级政府因地制宜，陆续出台了省、市级推行河长制的指导意见。

广州市全面贯彻党的十九大精神，以习近平新时代中国特色社会主义思想为指导，聚焦管好"盆"和"水"，力促河长制走深走实，落地生根，把全面推行河长制湖长制的工作重心从"见河长"转移到"见行动、见成效"上来，不断健全河长湖长治理体制机制，创新设置市、区、镇（街）、村（居）、基础网格五级联动机制，并设置了九大流域河长；打好"3-4-5"治水组合拳，即：坚持"三源"（源头减污、源头截污、源头雨污分流）的原则，持续推进"四洗"（洗楼、洗管、洗井、洗河）清源行动，坚持"五条技术路线"（控、截、清、补、管）；率先在全省推行河长 APP 信息化治水，蹄疾步稳推动各项任务落实，勇毅笃行推进河湖水环境质量持续改善。

《共筑清水梦》一书以通俗易懂、形象传神的风格，肩负起提升河长履职水平、宣传控源治水理念、助力河长制名实相副、营造共建共治共享社会治水格局的重要使命，深入刻画了城市河畔坚守岗位的各级河长形象，系统归纳了日常巡河问题识别的工作妙招，这不仅仅是一本内容翔实的漫画书，更是一帧帧细致写实的工作方法，一幅幅凝聚人心的治水力作，一篇篇来之不易的成效展现。

　　治水工作，道阻且长，行则将至。通过各级河长们辛勤的工作、无私的奉献，广州市治水的成效不断显现，市民群众的幸福感、获得感不断增强。蓝图跃然纸上，污流始成清泉。我们有理由相信，只要坚持控源理念久久为功，毅然决然地向黑臭水体宣战，向"散乱污"宣战，向涉水违建宣战，上下一心、披荆斩棘，奋力打好水污染攻坚这场"大仗、硬仗、苦仗"，还老百姓"水清岸绿、鱼翔浅底"的景象指日可待。希望各位河长朝着共同的清水梦砥砺奋进，百折不回！

　　是为序。

广州市河长制办公室

2019 年 12 月 10 日

前 言

　　2017 年 3 月，《广州市全面推行河长制实施方案》出台。面对当时河长履职意识薄弱、履职能力不足等问题，广州市河长办领导在一次内部会议上提出，能否将枯燥的河长制文件和要求以一种通俗易懂的方式传递给河长？同年 10 月，我们推出了河长系列漫画第一册《河长的一天》，薄薄的 12 页漫画小册子，旨在向全市各级河长讲述河长日常工作内容。这本直观形象的小册子分发后，得到了广州市各级河长、河长办、治水职能部门的欢迎和认可，这极大地激励和鼓舞了我们。

　　河长履职不到位原因众多，如河长制文件庞杂导致河长无从下手，面对复杂的治水体系非专业的河长一筹莫展，河长办受种种制约服务不足等。2017 年至 2019 年间，各级河长制工作制度不断出台，我们秉承服务河长的理念，相继推出了河长系列漫画 14 册，尝试借助漫画这种轻松、有趣、形象的方式，将枯燥的文件和繁杂的工作呈现在一幅幅生动、易于理解的漫画场景之中。现将河长系列漫画结集成《共筑清水梦》一书，希望帮助各级河长进一步提升履职能力，助力河长制落地生根。

　　本书分为信息化篇、日常工作篇、强效监管篇、经验创新篇、全民治水篇五个篇章。信息化篇阐明"互联网＋河长制"的优势；日常工作篇贴近河长日常工作，讲述河长应如何履职尽责；强效监管篇从河长办角度出发，阐述如何强化河长职能，提高河长履职水平；经验创新篇抛

砖引玉，分享广州治水的创新举措；全民治水篇描绘了全民参与治水的优秀案例以及对治水成功后美丽蓝图的畅想。五个篇章从不同角度帮助每个参与治水工作的主体更好地投身到河长制工作中，引导他们解决治水难题，做到"有名有实"，进一步形成共建共治共享的社会治水格局。

本书由广州市河长制办公室、广州市海绵城市建设领导小组办公室、广州市河涌管理中心等单位组织编写，广州趣至文化创意有限公司绘图。全书的编撰修订工作历时近一年，其间，随着广州市河长制的深入推进及信息化管理技术的发展，我们对书稿内容进行了完善。本书在编撰过程中得到了广州市水务局、广州市各级河长办等单位的大力支持，在此一并表示衷心的感谢！

由于水平有限，书中难免存在疏漏，敬请广大读者批评指正！

作者

2019 年 12 月 1 日

导 读

新上任的河长不了解工作职责，对河湖管理无从下手，该怎么办？

被一堆河湖管理制度难倒了，不懂得怎么操作河长管理信息系统，怎样才能快速掌握？

想消除问责风险，该怎么做呢？……

管好"盆"和"水"，到底该怎么做呢？

在推进河长精细化管理的进程中，需要一种浅显易懂、形象传神的载体，向河长、人民群众解释河长的职责是什么、河长管理信息系统怎么用、河长需关注的"盆"和"水"之间的关系等问题，通过简明扼要的方式，宣贯国家及省市治水政策、规范河长管理机制、凝聚社会治水力量。

《共筑清水梦》一书正是在这样的背景之下诞生的。

信息化篇深入浅出地介绍了如何借助信息化手段帮助河长提高履职水平。

日常工作篇规范引导河长落实治水职责，切实服务河长。

强效监管篇紧扣河长履职，围绕河长名实相副的要求，介绍了一些有效的措施。

经验创新篇系统阐述了广州市治水探索及创新的做法，介绍了在河长制背景下诞生的具有创新性的理念及行之有效的做法，以此投砾引珠。

全民治水篇介绍了"全民治水热潮"中涌现的民间治水力量以及对河长制未来的美好展望。

我们坚持"服务河长，管理河长"的理念，
我们期盼本书能助力提升河长履职意识及履职水平，
我们将与河长们携手并肩，在促进河长制
落地生根、名实相副的道路上
砥砺奋进、勇往直前。

河长简介

河长通常由各级党政主要负责人担任。各级河长负责组织领导相应河湖的管理和保护工作，牵头组织对问题的处理，协调解决重大问题；对跨行政区域的河湖明晰管理责任，同时对相关部门和下一级河长履职情况进行督导，对目标任务完成情况进行考核，强化激励问责。

河长办简介

河长办全称为河长制办公室，承担河长制组织实施的具体工作。河长办主要职能是加强组织协调，督促相关部门单位按照职责分工，落实责任，密切配合，协调联动，共同推进河湖管理保护工作。

目　录

APP
PC端

门户网站
微信
电话

职能部门
协助处理问题

河长

公众
监督、上报问题

APP
PC端

河长办
协助管理

通过"门户网站、APP、PC端、微信、电话"五位一体的信息化机制，可以将河长、河长办、职能部门、公众紧密地联系在一起，以河长为中心，通过信息化机制串联在一起，为河湖治理共同发力！

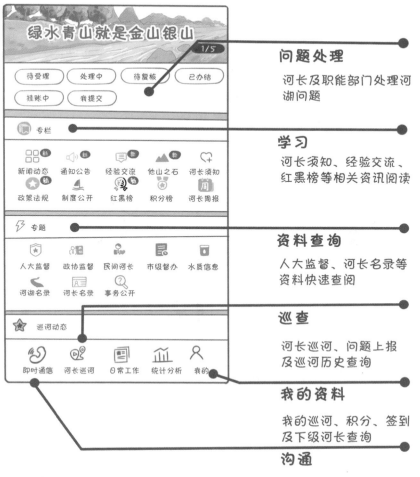

问题处理

河长及职能部门处理河湖问题

学习

河长须知、经验交流、红黑榜等相关资讯阅读

资料查询

人大监督、河长名录等资料快速查阅

巡查

河长巡河、问题上报及巡河历史查询

我的资料

我的巡河、积分、签到及下级河长查询

沟通

河长即时沟通功能

这些都是我们河长制信息化APP的主要功能，每个都很强大。

信息化

沟通

　　当巡河、履职过程中，遇到问题需要联系相关部门或相关单位进行处理时，在 APP 上可以快速找到相应的联系方式，并能进行实时文字、语音通信，便捷高效。

成效

沟通交流快，信息传达准

通过 APP 沟通顺畅便捷，可以快速高效地进行即时沟通。

信息化

巡河

点击巡河功能，开始巡河（须打开手机定位功能），结束巡河。

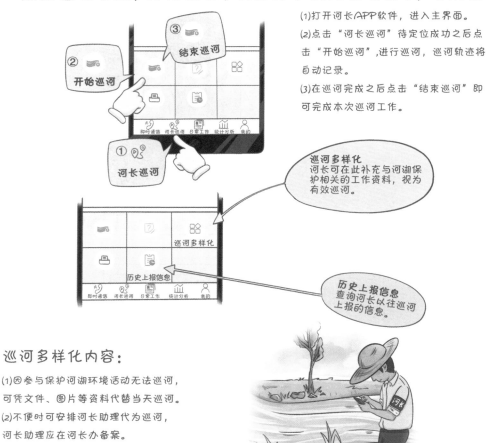

(1)打开河长APP软件，进入主界面。

(2)点击"河长巡河"待定位成功之后点击"开始巡河"，进行巡河，巡河轨迹将自动记录。

(3)在巡河完成之后点击"结束巡河"即可完成本次巡河工作。

巡河多样化
河长可在此补充与河湖保护相关的工作资料，视为有效巡河。

历史上报信息
查询河长以往巡河上报的信息。

巡河多样化内容：

(1)因参与保护河湖环境活动无法巡河，可凭文件、图片等资料代替当天巡河。

(2)不便时可安排河长助理代为巡河，河长助理应在河长办备案。

巡河是河长履职过程中最基础和最重要的一环，如今用手机就能开展巡河履职工作，实现"掌上治水"！

6

成效

巡河高效快捷，记录查询方便

河长通过 APP 巡河之后，巡河过程和轨迹记录清晰、查询方便。

信息化

问题上报

河道巡查内容：

(1)巡河范围包括支流、干流、湖库、小微水体，巡查范围应为河湖管理范围。

(2)熟悉河道及工业、农业、排水口等分布。

(3)关注水体信息，植物、河床等情况。

(4)注意岸线偷排等情况及违章违法行为，溯源摸查。

(5)河长公示牌情况是否良好。

(6)对防洪、水质变化有预测估算，对潜在安全隐患采取预防措施。

(7)跟踪过往问题是否反弹、当前流转中问题的处理进度。

(1)描述清楚问题的具体情况。

(2)选好问题类型。

(3)选择对应的河道信息。

(4)选择需要提交的对象。

(5)确保上传地理位置信息与实际的位置相符合。

(6)图片建议上传三张：近景、全景、反映周边环境的图片。

(7)及时提交问题。

(8)无网络时提交草稿。

河长上报问题是解决河湖问题的基础。

成效

问题上报及时有效，相关记录完整清晰

　　河长通过APP上报问题高效便捷，问题记录清晰。

信息化

问题处理

待受理：现场确认河湖问题为"管理辖区及职能范围内问题"则"受理"问题，进行处理。如问题短期无法处理完成则进行"挂账"，需要提交相应文件资料等。

待复核：前一个单位处理后，需要复核的问题，如问题已处理完毕则可"复核办结"；如问题未处理完成则"退回"前一个单位或"转办"其他职能部门。

转办

综合性问题需其他职能部门继续处理则"转办"相应职能部门。

复核

问题已办结完成，复核无误后可"复核办结"。问题处理完要记得复核！

问题上报后，河长可以通过APP跟踪问题处理过程。

成效

问题流转顺畅，过程公开透明

问题通过 APP 流转顺畅，各职能部门无缝衔接。

信息化

学习

　　专栏阅读包括通知公告、经验交流、他山之石、红黑榜等，阅读各类河长制相关资料有助于河长更好履职。

1. 通知公告

河长工作的最新动态。

2. 经验交流

优秀的案例，值得参考学习。

"××区的河长做得不错哟。"

"做得很不错哦！" **3. 红黑榜**

实名见证每一位优秀河长和仍需努力的河长。

"仍需努力啊！"

通知公告、经验交流、红黑榜等能让河长借鉴学习，提升自我。

12

成效

资讯内容丰富，信息获取高效

通过APP，可快速实时获取大量最新的各类治水相关动态信息和河湖名录、河长名录、水质信息等。

以前

现在

通过APP获取河长制相关信息的效率大大提高，信息更多种多样。

成效

借鉴先进经验，创新治水方法

河长通过APP专栏学习治水知识和先进做法，有效地提高了治水能力，解决了各类问题。

14

信息化

统计分析

在统计分析模块中可以看到履职数据统计，全市的河长都在为治水而努力。

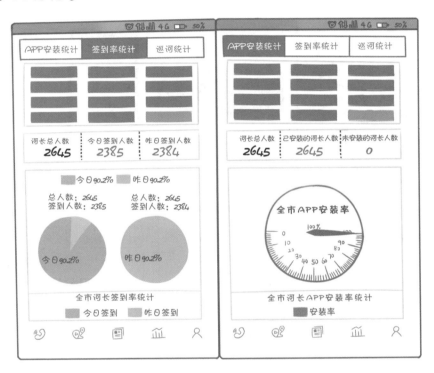

在统计分析模板中，河长可以查看履职数据以及水质情况，帮助河长进一步提高自身履职水平。

信息化

我的信息

快速查询河长个人履职情况及河长相关资料。

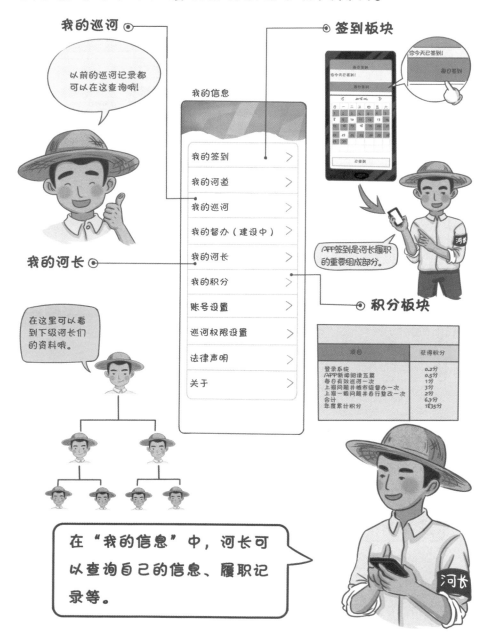

我的巡河
以前的巡河记录都可以在这查询哦!

签到板块
你今天已签到!
每日签到

我的信息

我的签到	>
我的河道	>
我的巡河	>
我的督办（建设中）	>
我的河长	>
我的积分	>
账号设置	>
巡河权限设置	>
法律声明	>
关于	>

我的河长
在这里可以看到下级河长们的资料哦。

APP签到是河长履职的重要组成部分。

积分板块

项目	获得积分
登录系统	0.2分
APP新闻阅读五篇	0.5分
每日有效巡河一次	1分
上报问题并被市级督办一次	3分
上报一般问题并看行整改一次	2分
合计	6.9分
年度累计积分	1035分

在"我的信息"中，河长可以查询自己的信息、履职记录等。

16

成效

监督履职，互促履职，自我提升

河长通过查看自己或者他人的 APP 积分和履职评价指标，借鉴对比，可以有效提升自己的履职水平。

他的巡河积分和发现问题积分都比我高，我以后要加强相关履职才行。

问题办结率下降了，我要加强问题的跟进处理了。

通过统计分析，系统快速实时地反馈河长履职情况，加强对河长的监督，同时让河长能实现自我训诫、自我提升。

17

信息化

公众监督

老百姓通过微信、热线电话等方式投诉河湖问题，参与热情高，问题在河长 APP 流转，有效地促进了河长履职。

成效

社会参与积极性高，监督力度强

19

过去

现在

20

河长管理神器

《河长周报》来了！

本周《河长周报》来了

温馨提示：请认真阅读周报，并点击周报底部"已阅读"按钮，否则下次开启APP仍会出现此窗口。

查看周报

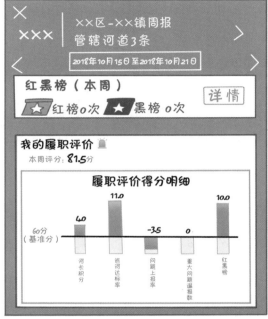

××区－××镇周报
管辖河道3条

2018年10月15日至2018年10月21日

红黑榜（本周）   详情

⭐红榜0次 ★黑榜0次

我的履职评价 🔔
本周评分：**81.5**分

履职评价得分明细

60分
（基准分）

4.0 河长积分
11.0 巡河达标率
-3.5 问题上报率
0 重大问题漏报数
10.0 红黑榜

《河长周报》将河长巡河、问题上报、专项工作、履职积分等多种河长履职情况通过信息化手段定期反映给河长，帮助河长掌握履职情况，提升履职水平。

这周报真的这么厉害吗？小哥你快给我介绍介绍！

河长你别急，且听我慢慢道来。

《河长周报》三大作用

一、日常管理

通过对巡河、"四个查清"、APP使用情况等工作进行量化统计，从而协助河长更好地掌握自己的履职情况。

我的巡河
有效巡河次数/天数：**7/7**　一二三四五六日
巡河轨迹
本周有效巡河　累计有效巡河
204分钟 Ó**5.50**公里　**131.81**小时/**2612.77**公里

红黑榜（本周）
⭐红榜**0**次　★黑榜**1**次　详情
建议
上黑榜请按职责认真履职

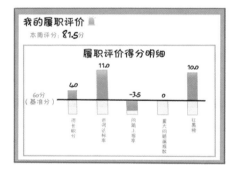

我的履职评价
本周评分：**81.5**分
履职评价得分明细
4.0 **11.0** **-3.5** **0** **10.0**
60分（基准分）
河长积分　巡河达标率　问题上报率　重大问题漏报数　红黑榜

二、预警管理

通过总结红黑榜，将履职评价、问题上报处理等转化为河长履职是否到位，为河长管理提供预警及建议。

下级村(居)级河长履职
下级村(居)级河长：**3**人　›
0巡河：**0**人　›
巡河未达标：**2**人　›
0上报：**3**人　›
问题上报总数：**0**个
上红榜：**0**人　›
上黑榜：**0**人　›
建议
下级村(居)级河长有**3**人**0**上报，**2**人巡河未达标，请督促下级河长认真履职。

三、分级管理

通过数据反映下级河长履职情况，为分级管理提供数据支撑。

《河长周报》内容详细介绍

(1)河长基本信息：便于河长了解自身情况。

(2)红黑榜：通报履职不力河长，表彰优秀河长。

《河长周报》内容详细介绍

(3)我的履职评价：将河长履职行为进行量化统计，直观反映河长履职情况的优劣。

(4)水质变化：作为河长工作是否到位的重要参考标准。

《河长周报》内容详细介绍

(5)我的巡河：显示河长一周巡河情况，巡河是否符合指导意见、巡河轨迹、巡河时长、距离等一目了然。

点击地图能进一步查看每次巡河情况，方便河长掌握自身及下级河长的巡河详情。

原来我上周忽视了对XX河的巡查，看来以后巡河的时候要更加认真仔细了。

周报上线前，很多河长反映不知道自己巡河是否到位，现在周报将每周的巡河数据整合在一起，大大方便了河长查看自己的巡河记录，巡河是否覆盖全部管辖河道等，同时也进一步促进河长按指导意见养成规范的巡河习惯！

《河长周报》内容详细介绍

(6)我的问题上报与处理：帮助河长了解自身管辖河道内的所有问题。

我的问题上报与处理
本周问题发现总数：5

我的上报	市民投诉	市级巡查
5	0	0

累计上报数：220

本周办结数/累计办结数：5/220

问题上报

河段名	我的上报	市民投诉	市级巡查
A河	2	0	1
B河	1	3	4
C河	1	2	3
D河	1	0	1

《河长周报》内容详细介绍

(7)四个查清（全程徒步）："四个查清"是控源治污的关键，该界面帮助各级河长了解"四个查清"工作的完成情况，促进河长认真落实"四个查清"工作。

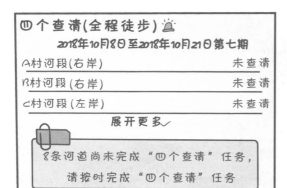

《河长周报》内容详细介绍

(8)下级河长履职情况：帮助河长了解其下级河长在周报统计时段内的部分履职情况，让河长进行分级管理时有据可依。

下级河长履职的数据为管理提供相关的数据支撑，让河长实现分级管理有据可依。

《河长周报》内容详细介绍

(g)我的APP使用情况：反映河长利用APP获取河湖管理相关知识的情况，河长应及时了解关于治水的新动态、新思路等，以便更好地履职。

河长签到、阅读、留言等信息，反映的是河长使用APP的真实情况，及时了解河长制相关资讯可以帮助各位河长更好地履职。

我的APP使用情况

本周共签到 7 天　一二三四五六日

本周专栏发布文章**176**篇，已阅读157篇，留言0次

本周各专栏已阅读篇数/本周发布篇数：

河长须知：18/20　　通知公告：37/42

河长须知：28/35　　通知公告：8/10

河长须知：18/18　　通知公告：48/51

建议

本周专栏文章阅读积极，请保持

信息化助力河长制实现长治久清！

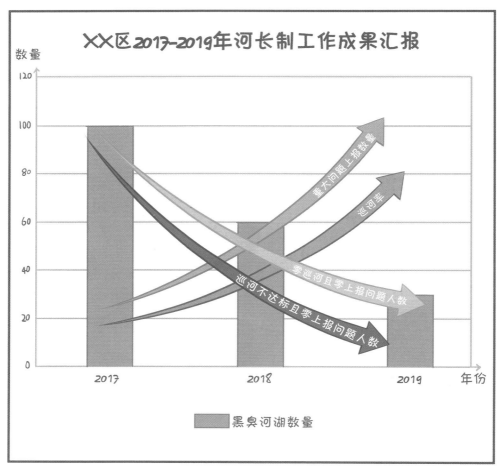

XX区2017-2019年河长制工作成果汇报

信息化助力河长制工作提速增效，通过信息化技术，能够大大提升河长们的履职水平和履职成效，进而促进河长制工作质量的全面提高！

水库

河湖

小微水体

我是一名河长，负责辖区河湖、水库的管理和保护工作，包括水资源保护、水域岸线管理、水污染防治、水环境治理等，牵头组织对侵占河道、围垦湖泊、超标排污、非法采砂、破坏航道、电毒炸鱼等突出问题依法进行清理整治，协调解决重大问题。

日常工作流程

(1) 看看河边的河长公示牌，再查看一下河湖水质是否有变化。

(2) 河长的日常工作有：日常巡查、上报河湖问题、推动问题解决等。

(3) 巡河，发现河湖问题。

每天我都会使用APP开展巡河工作，发现问题及时上报。

(4) 河长需要重点关注的典型河湖问题。

农家乐（餐饮）

工业废水排放（含疑似工业污水、黄泥水、搅拌站污水、企业废水等）

养殖污染

建筑废弃物

排水设施

(5) 上报问题。

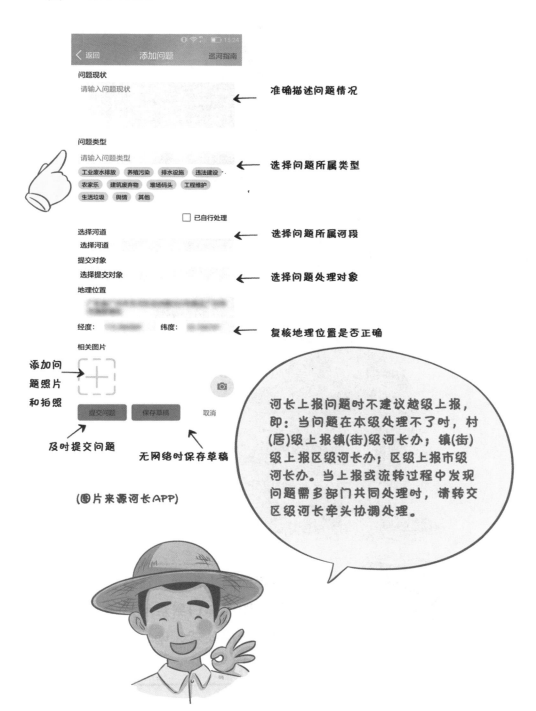

河长上报问题时不建议越级上报，即：当问题在本级处理不了时，村(居)级上报镇(街)级河长办；镇(街)级上报区级河长办；区级上报市级河长办。当上报或流转过程中发现问题需多部门共同处理时，请转交区级河长牵头协调处理。

准确描述问题情况

选择问题所属类型

选择问题所属河段

选择问题处理对象

复核地理位置是否正确

添加问题照片和拍照

及时提交问题

无网络时保存草稿

(图片来源河长APP)

(6) 问题处理过程。

我们将问题上报后，还会协同相关职能部门到现场对问题进行跟进处理，确保问题彻底解决。

(7) 到现场复核问题处理情况。

(8) 查看复核办结。

典型河湖问题指引

工业废水排放

　　明显颜色(如红、黄、绿、黑、乳白等颜色)、刺激性气味、产生大量有泡沫的污水。

工地排出黄泥水

在日常履职当中,如何识别问题是我们需要掌握的重要技能。因为只有准确、熟练地识别河湖问题,才能提升治理河湖的工作效率!

工厂排出有色污水

重点关注:有色、有味、有泡沫的污水

养殖污染

在禁养、限养区内和河湖管理范围内的养殖场，或不在河湖管理范围内，但发现有养殖污水排入河湖的养殖场。

有些养殖场的排污管道可能会延伸到较远地方哦。

排水设施

　　河湖内的拍门、闸门、排水管道等设施出现破损或功能缺失，排出污水。

排水设施异常或出现问题会造成污水直排河湖，导致水质变差！

43

违法建设

在河湖管理范围内的建（构）筑物一般都属于违法建设。

这类建筑物也是污染源头哦！

农家乐（餐饮）

在河湖管理范围内的农家乐和餐饮店，或不在河道、河湖管理范围内，但有餐饮污水排入河湖的农家乐和餐饮店。

> 餐饮店往往有污水和垃圾排入河湖，巡河时要注意哦！

45

建筑废弃物

　　在河湖管理范围内堆放的建筑废弃物（如砖渣、废土、砂石等）。

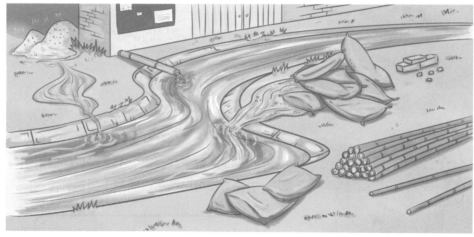

河道旁的建筑废弃物可能会被雨水冲刷流入河湖,进而影响河湖水质哦!

堆场码头

　　在河湖管理范围内设立临时码头，堆放物品或材料（如砂、石、煤等）。

违规堆场码头的砂、石、煤等会通过雨水等多种途径进入河湖，对河湖水质、水生态等造成严重影响。

工程维护

河道堤岸、栏杆等建筑及设施有损坏，迎水坡、背水坡有大量杂草，均会影响堤岸安全。

生活垃圾

　　河湖管理范围内存在的生活垃圾（如织物、瓶罐、厨余垃圾、电池、纸类、塑料、金属、玻璃等）。

垃圾要分类，垃圾要放对！河道里不应该有垃圾存在。

违章堆放物品

河湖管理范围内违章堆放共享单车、废弃车辆或其他物品等。

违章堆放物品对行洪安全或者河岸安全都是隐患。

50

三类问题无需上报

(1)巡河情况正常、无问题，不需要上报。

(2)有少量树叶、垃圾、漂浮物等这些较为简单、能够自行处理的问题，不需要上报。

(3)系统遇到的问题不要当作水质问题上报，可向河长办反映。

日常工作

持之以恒见成效！

指挥拆违

做好巡河工作

拍摄排水口排水问题

日常工作是每个河长应该履行的基本职责，也是河长制得以推行、取得成效的重要基础，做好日常工作才能更好地落实河长制，做到长治久清！

52

文件来了！

　　水利部于 2018 年 10 月 9 日印发《关于推动河长制从"有名"到"有实"的实施意见》（水河湖〔2018〕243 号）。

这份文件对我们进一步推行河长制提出了具体要求！

水 利 部 文 件

水河湖〔2018〕243号

水利部印发关于推动河长制从"有名"到

"有实"的实施意见的通知

　　各省、自治区、直辖市河长制办公室、水利（水务）厅（局），新疆生产建设兵团河长制办公室、水利局，各流域管理机构：

　　2018年6月底，全国31个省（自治区、直辖市）全面建立河长制，河长制的组织体系、制度体系、责任体系初步形成，实现了河长"有名"，全面推行河长制进入新阶段。为推动河长制尽快从"有名"向"有实"转变，实现名实相副，取得实效，水利部研究制定了《关于推动河长制从"有名"到"有实"的实施意见》，现印发给你们，请结合实际认真贯彻落实。

文件该如何落地？

河长管理体系三种履职

形式履职

巡河

上报问题

形式履职包括：完成巡河、上报问题等规定动作。

内容履职

重视辖区内控源工作

推动河湖问题办理

"四个查清"工作

内容履职包括：重视辖区内控源工作、推动河湖问题办理和"四个查清"工作。

57

成效履职

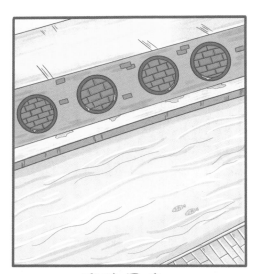

消除黑臭

消灭辖区污染源

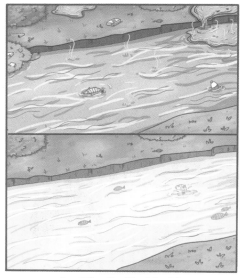

水质明显好转

成效履职包括：消除黑臭、消灭辖区污染源、水质明显好转。

优秀河长是怎样炼成的？

案例1
　　XX区XX街道村(居)级河长冯河长对责任河段内的主要工程重点关注，积极协调问题解决，预防施工污染，当有施工污染产生时能做到及时处理。

案例2
　　XX区XX街道镇(街)级河长杨河长巡河积极、履职尽责，对于责任河段范围内的生活垃圾、污水渗流、共享单车堆积等问题都积极处理，主动联系相关部门，解决河湖问题。

案例3
　　XX区XX街道镇(街)级河长李河长巡河认真，积极推动街道河湖问题处理，XX镇(街)2018年全年问题办结率为100%；水质由轻度黑臭变为不黑不臭，值得表扬。

仅仅这样还不够!

　　利用河长APP阅读资讯提升自己，边阅读边思考文中可以借鉴的地方。

　　利用即时沟通功能与各方联络，与各职能部门、其他河长保持良好沟通，及时回应和处理好河长办或上级河长交办的工作。

巡河发现问题后，河长可以马上联系到相关的职能部门，问题处理起来方便快捷多了!

认真巡河，问题藏不住

　　各级河长须根据相关文件要求完成巡河工作。要认真巡河，注意发现河湖及岸线可能存在的各类污染源问题，而不是机械式巡河。

认真溯源，有利于问题解决

不仅要找到河湖的污染点，还要追本溯源，找到真正的污染源头。

河湖排水口P4-11有污染情况。

大排档是源头，要上报问题。

主动作为，积极协作

河长上报问题后，河长办管理员及时分派给对应的职能部门。

河长在电脑上转办。

河长办管理员与环保局取得联系。

受理问题后到现场进行处理。

河湖问题整治的过程是：发现问题、处理问题、解决问题，每一步都需要河长的参与和配合。

解决河湖问题的最终目的是为了改善水环境，我们作为河长自然责无旁贷！

63

控源有攻坚决心

　　不收受利益，不接受亲属求情，坚决拆违。要将河岸违章厂房、铁皮屋、大排档一律拆除。

迅速处理办结问题

处理污染源头、解决污染根源问题。

污染问题得到根治。

积极上报问题，及时办结问题，才能让问题高效解决，还河湖一个美丽环境。

格外关注隐蔽性的重大问题

桥底、水面下的隐蔽性偷排污水情况。

夜晚利用车辆偷倒建筑废料、偷排污染物。

新出现违章建筑要及时发现、及时拆除。

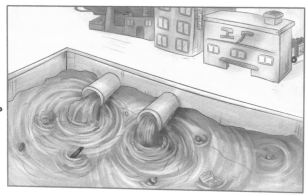

工厂排出有色污水。

河长履职不到位指哪些情况？

不履职！

"家底不清"

河长对污染源情况不明，治理工作不清楚。

应付式巡河

　　河长机械式、应付式、打卡式完成巡河工作，未能发现河湖问题，河湖问题不断累积，水质日益变差。

避重就轻

河长巡河对环境问题视若无睹，顾虑重重，只上报小问题。

分级管理不力

履职不到位会导致环境问题恶化

河长不履职或不正确履职造成河湖污染加重。

履职不到位更会影响经济

　　河长不履职或者不正确履职会导致河湖污染恶化，居住环境得不到改善，经济发展后劲不足，形成恶性循环。

73

该如何监管履职不力的河长？

河长监管工具——《河长周报》

河长履职不到位，我们可以通过多种履职监管工具和手段，多方面、全方位监督河长履职，从而提升全体河长履职水平。

这个工具真方便，让我更好地履职巡河，信息一目了然。

《河长周报》清晰地展现了河长的巡河情况和管理河段水质变化情况！

河长监管工具——河长榜单

河长监管工具——我的履职评价

河长制的锋利"牙齿"——《河长管理简报》

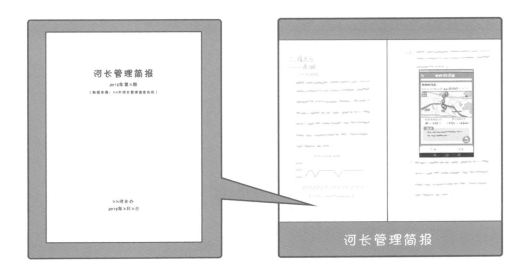

监管工作不灵，我们可以进一步利用《河长管理简报》和媒体曝光等多种强效监管手段，促使河长接受行政监督、公众监督，从而提高河长的履职水平。

河长制的锋利"牙齿"——曝光台

河长制的锋利"牙齿"——媒体曝光！

河长曝光台材料形成之后，市河长办与媒体形成联动机制，通过媒体进一步对不履职、履职不到位的河长进行曝光，形成更强效的监督作用力，通过媒体曝光这一措施进一步警醒全体河长认真履职，以免"登报"。

河长制的锋利"牙齿"——问责措施！

纪检部门积极介入，经过严格鉴别后，对其中表现恶劣的河长采取问责措施，严重的还有可能被免职。

河长管理成效——促进三个水平提升

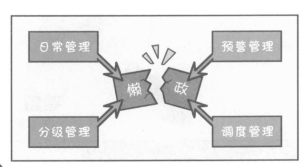

提升了管理效率

通过有效的管理手段，河长的履职水平显著提升，助力河长从"有名"向"有实"转变。

提升了履职水平

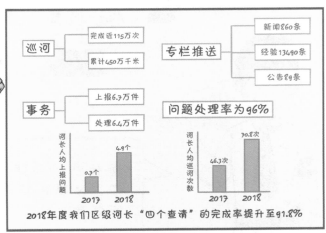

提升了监督力度

81

履职不力河长

监管工具

监管手段

河长办作为服务、管理河长的部门，要提升河长履职水平，少不了行之有效的监管！

经验创新篇

管好"盆"和"水"

　　根据《水利部印发关于推动河长制从"有名"到"有实"的实施意见的通知》（水河湖〔2018〕243号），管好"盆"和"水"是我们打赢水污染防治攻坚战的重要举措。

接下来让我来介绍一下我们是如何具体落实管好"盆"和"水"的。

什么是"盆"和"水"？

广义上来说，河长的行政管理范围就是"盛水的盆"，河长需要管理的不仅仅是河湖管理范围，更要全面掌握行政管理范围内的污染源，对污染源进行处理，从而改善水质！

"盆中的水"是指河长责任河段的水体情况，水质改善是我们努力的目标。

"盆"和"水"的问题有哪些?

乱占违法养殖

乱建违法建筑

河岸未贯通

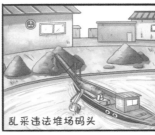

乱采违法堆场码头

"散乱污"场所

乱堆生活垃圾及建筑废弃物

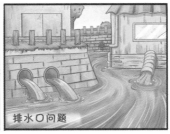

排水口问题

"盆"中问题多种多样,不仅仅局限于河湖管理范围,更涉及岸上的各种污染源。

"水"中问题主要体现在水脏、水浑、水少。水脏也就是水质恶劣,水质改善就是我们治理河湖的重要内容。

"盆"和"水"的关系？

问题导向

控源截污

"盆"

"水"

水质导向

倒逼整改

"盆"产生了污染源从而影响了"水"；通过问题导向，致力于控源截污，从而改善水质。

"水"是治水的核心，以水质为导向，密切监测水质，并且以水质情况督促河长认真履职，解决"盆"中问题。

"盆"影响着"水"，"水"影响着"盆"，治理"盆"和"水"需要同时发力！

"盆"和"水"如何密切关联？

河长、河段、问题、水质四者强关联，可以将"盆"和"水"紧密联系在一起；通过发现问题、解决问题，从而改善水质，以水质为导向，倒逼河长履职到位。

管好"盆"和"水"如何落地？

控源动真格

89

为什么要控源？

源头截污、源头雨污分流、源头减量

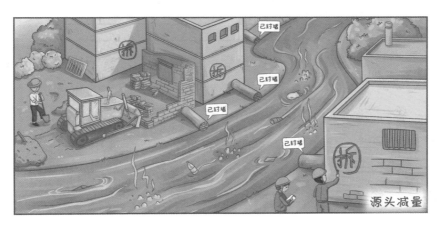

控源

污染源查控

源头截污

挂图作战

"四个查清"

"清污分流"

在控源理念的指导下，我们提出了很多具有创新性且颇具成效的治水举措，接下来，让我们抛砖引玉，为大家介绍一下我们其中两个创新性工作——"四个查清"和"清污分流"！

贯彻"四个查清"行动
是控源的长效保障

控源严格，系统治理

　　"锁紧"污染源头，将治水重点从河里转移到岸上，坚持长效治理，提高治水成效，遏制"劣水反弹"，扩大"剿劣"战果。

(1)河岸贯通，治理零死角。

(2)坚决拆除违建，断绝污水根源。

(3)治理散乱污，杜绝废水直排。

你们没有排污许可证！

(4)排水口巡查，截污工程一直在行动。

河湖治理不是仅针对河湖本身，岸上的问题也不容忽视，查控污染源才能杜绝河湖污染源问题的反复出现，治标的同时也要治本。

"四个查清"的内容

(1) 查清两岸贯通情况。

如果河岸有障碍物、违建等阻碍河岸贯通的情况，需要用河长APP上报。

"四个查清"的内容

(2) 查清疑似违法建筑。

河湖管理范围内的铁皮屋、乱搭建、新建建筑物等均属违法。

违建不但影响河岸景观，大部分更会成为污染源，将污水直接排入河湖中。

对于河湖管理范围内的疑似违法建筑，需要查清并使用APP登记在案，核实后对相关违建依法清拆。

"四个查清"的内容

(3) 查清"散乱污"场所。

"四个查清"的内容

　　"散乱污"场所涉及的行业包括但不限于印刷、制革、印染、洗水、五金、冶炼、电镀、酿造、水泥、汽修、餐饮、畜禽养殖、食品加工、石材加工、家具制造、仓储、废旧资源回收加工等。

"四个查清" 的内容

(4) 查清排水口 (含雨水口、排污口、合流口) 的排水情况。

99

"四个查清"工作成果

"四个查清" 工作成果

两岸贯通

无违建

无 "散乱污" 场所

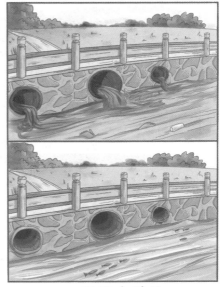

无污水排放

清污分流

城中村、老城区区域治理难度大？

城中村排水情况复杂，城中村采用雨污合流，河湖治理要怎么做呢？

清污分流是出路

清污分流实现三个"基本消除"

合流污水全程接入渠箱，杜绝直排河湖现象，实现"基本消除生活污水直排口"。

清污分流实现三个"基本消除"

将入河污水与河湖自然水体彻底分离，污水通过渠箱进入污水处理厂，做到"污水入厂、清水入河"，从而实现"基本消除城市黑臭水体"。

105

清污分流实现三个"基本消除"

针对城中村和老城区排污问题实行"进户收污水",从而实现"基本消除老旧城区、城中村和城乡接合部管网空白"。

清污分流的技术特点

明渠道

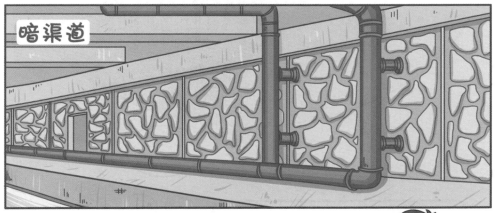

暗渠道

清污分流主要是通过沿河敷设渠箱及排水管道，通过排水管道收集合流污水，从而提升城市排水系统效能，改善水环境治理的效果。

河湖区域综合治理取得成效！

如果我所管辖的地方都能推行清污分流，那么以前遇到的治理难题不就都可以解决了？看来我要快快回去找同事商量一下了！

河湖区域综合治理取得成效！

管好"盆"和"水"的要求

挂图作战

控源理念

"四个查清"　　　"清污分流"

在治水工作上，我们必须及时学习和掌握先进的理念，同时在这些优秀的理念指导下创新治水举措。

全民治水篇

全民治水

全民治水，人人参与

治水需要全体人民同心协力，既有河长、职能部门作为主力砥砺前行，同样也少不了民间力量的积极协助。

共治共享，刻不容缓

全民治水，势在必行

水环境污染不容忽视，治水已刻不容缓！

全民治水倡议

面对严峻的水环境污染形势，全民务必身体力行，人人参与治水。

民间河长

XX区"民间河长"聘请仪式

"民间河长"的职责：

一、带头遵守治水护水法律法规。

二、配合河湖巡查，及时发现问题。

三、做好巡查记录及时上报。

四、监督"责任河长"履职。

五、积极宣传河长制理念及上级决策部署。

六、及时反馈群众的意见和建议。

....

个人民间河长

热心爱河，贡献护河一份力

在日常的巡河活动中，民间河长们通过监测记录水质污染情况，协助水务和环保部门，共同做好水环境治理和监督工作。

个人民间河长

民间河长和责任河长宣传河长制

民间河长和责任河长共同巡河

民间河长检测记录水质污染情况

民间河长团体

共同参与，发挥团体力量

　　各地纷纷响应倡议，逐步结合传统文化开展丰富多彩的保育与治理的公益活动。

市民互相宣传推广，纷纷组织民间河长团体，共同为治理水环境出力。

民间河长团体集体巡河，凭借集体的力量治水。

民间小河长

小河长，大理想

　　"绿水青山就是金山银山"，广大青少年满怀爱国护家的热情，用实际行动争做民间小河长。

(1)巡河护河。

(2)观察水质。

(3)填写水质记录表，建言献策。

同学们，都来加入小河长大部队吧。

好!

河道警长

权威执法，公安治水

　　"河道警长"就是将公安部门也纳入治水队伍中，发挥公安部门的职能优势，查处涉河涉水的违法行为。

市民如何参与治水

市民在路过河湖时，如果发现河湖环境有问题，可以通过河湖边的公示牌获取相关投诉信息。

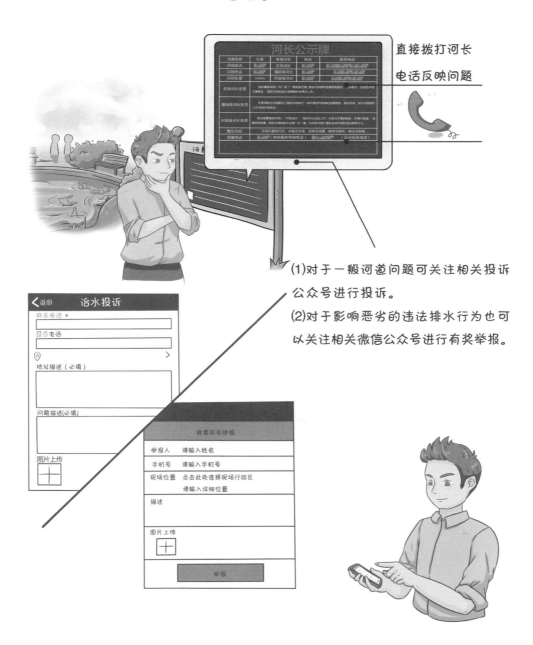

直接拨打河长
电话反映问题

(1)对于一般河道问题可关注相关投诉公众号进行投诉。

(2)对于影响恶劣的违法排水行为也可以关注相关微信公众号进行有奖举报。

全民治水 共创美好中国

共治黑臭河湖污染源

全民参与治水，共同发力，我们一定可以将河湖工作做好，最终实现我们的清水梦！

共建共治共享社会治理格局走在前列

河长坚持不懈，河湖长治久清

高质量经济发展体制机制走在前列

治水推动产业升级和环境改造

整治前